儿童第一套计算思维启蒙绘本

不插电的计算机科学 ①

报告,发现错误!

倪 伟 著　　何 青　马丹红 绘

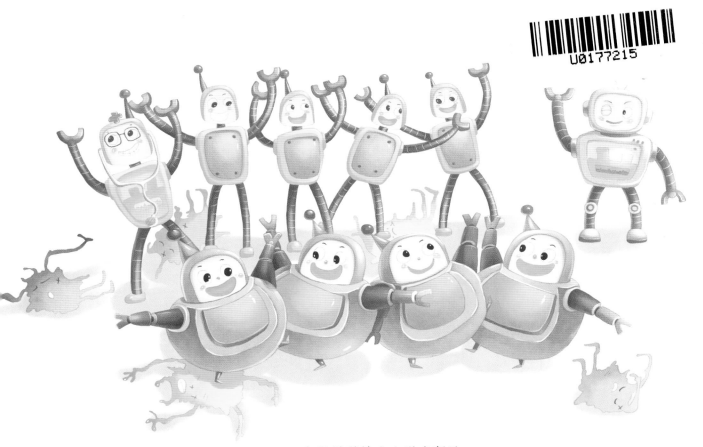

中国科学技术大学出版社

士兵们每天都严格执行开灯、关灯的任务，但是有一天，一个"0小胖"因为贪睡忘记了关灯的事情，尼可将军知道后可着急了。

"0小胖"终于醒了,伸伸懒腰,"呀!睡过头了!"思考一番后,他决定主动向将军承认错误。

　　将军并没有责备他，而是鼓励他说："嗯！我已经采取措施纠正了错误，但希望你记住，出错就要改正！"从此以后，计算机王国再也没有发生因贪睡贻误工作的事情了。

士兵们每天都在加紧操练,时刻保卫着家园。但是,有一天,一队巡逻的士兵突然遭到了病毒军团的偷袭。

病毒军团是计算机王国的敌人,他们经常到计算机王国搞破坏。

由于病毒军团突然发起攻击，一不留神，一个"1高个"被病毒军团抓走了。

一个领头的士兵向尼可将军汇报后,便带领其余士兵展开了追击营救。

在追击的路上，病毒军团释放出了魔法迷雾，领头的士兵赶紧提醒大家注意防护。

很快，他们冲出了魔法迷雾。

大家发现，有两个"0小胖"由于吸进了过量的魔法迷雾发生了变异，居然都变成了"1高个"！时间紧迫，得赶紧找到可恶的病毒军团！

尼可将军带着杀毒专家前来增援,他们也加入了战斗。

16

　　最终，大伙儿在尼可将军的指挥下打败了病毒军团。幸运的是，在将军和杀毒专家的帮助下，被抓走的"1高个"得救了，两个中毒的"0小胖"也恢复了健康，大家高兴极了！

故事讲到这里，大家发现了吗？原来，计算机也有出错的时候。"0小胖"发现错误并主动承认，变异的士兵们也在将军的指挥和杀毒专家的帮助下战胜病毒恢复了原样。

出错其实并不可怕，关键是我们要积极面对并改正错误。

小朋友们，病毒侵袭只是引起计算机数据出错的一种特殊情况，计算机有时还会因硬件故障或传输数据时受到干扰而出错。

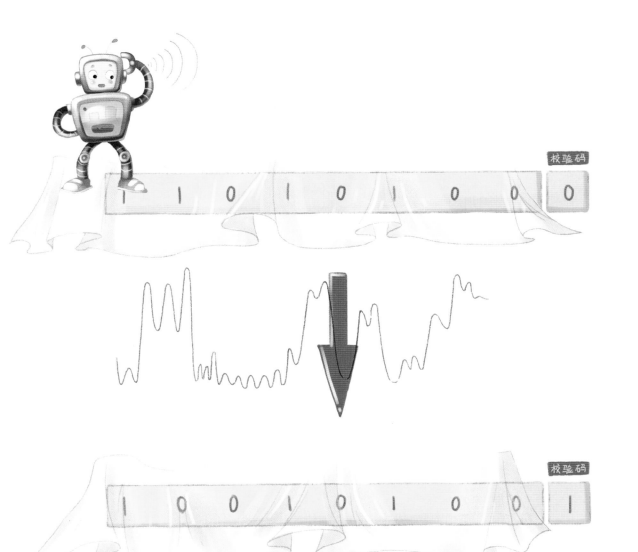

为了防止数据出错，人们发明了很多种方法用于检错（纠错），其中有一类方法叫作数据校验。比如传输数据时用到的奇偶校验，计算机会根据约定的校验规则对发送的原数据和接收的数据分别生成校验码，如果校验码前后不一致，计算机就知道数据在传输过程中出错了！

让我们来看一看生活中哪里能用到校验吧!

星期天,定定和爸爸妈妈去马戏团看演出!马戏团有一个堪称绝活的节目,那就是猴子兄弟们和企鹅小姐们组建的豪华方阵的表演!

3
1
3
1

　　但是，一只新来的小猴子一时贪玩居然也混进了表演方阵，他霸占了一只小企鹅的位置。指挥方阵的训练师发现情况不对劲，他仔细回忆每一行原有的猴子数量（校验码），从上到下依次是3、1、3、1，发现现在第三行多出了一只猴子，于是迅速锁定了第三行。

3 1 1 3

3
1
3
1

接着,他又回忆了每一列原有的猴子数量(校验码),从左到右依次是3、1、1、3,发现现在第二列的猴子数量发生了变化。哈哈,他通过运用行和列交叉的方法,找出了那只霸占小企鹅位置的小猴子。小朋友们,你们找到了吗?

周一，小朋友和罗老师说了马戏团的趣事，罗老师笑着说："其实生活里用到校验码的情况很多，比如图书ISBN（国际标准书号）的最后一位就是校验码。"

小朋友们，你们知道还有哪些地方用到校验码吗？